Dagmar Herzog

30 Minuten für die

OnePage-Methode

Bibliografische Information Der Deutschen Bibliothek

Die Deutsche Bibliothek verzeichnet diese Publikation in der Deutschen Nationalbibliografie; detaillierte bibliografische Daten sind im Internet über http://dnb.ddb.de abrufbar.

Wird empfohlen von

Copyright © 2007 N24 GmbH
(MM MerchandisingMedia GmbH)

Umschlag und Layout: die imprimatur, Hainburg
Lektorat: Diethild Bansleben, Hanau/Leipzig
Satz: Zerosoft, Timisoara (Rumänien)
Druck und Verarbeitung: Salzland Druck, Staßfurt

© 2007 GABAL Verlag GmbH, Offenbach

Hinweis:
Das Buch ist sorgfältig erarbeitet worden. Dennoch erfolgen alle Angaben ohne Gewähr. Weder Autor noch Verlag können für eventuelle Nachteile oder Schäden, die aus den im Buch gemachten Hinweisen resultieren, eine Haftung übernehmen.

Printed in Germany

ISBN: 978-3-89749-714-6

In 30 Minuten wissen Sie mehr!

Dieses Buch ist so konzipiert, dass Sie in kurzer Zeit prägnante und fundierte Informationen aufnehmen können. Mithilfe eines Leitsystems werden Sie durch das Buch geführt. Es erlaubt Ihnen, innerhalb Ihres persönlichen Zeitkontingents (von 10 bis 30 Minuten) das Wesentliche zu erfassen.

Kurze Lesezeit

In 30 Minuten können Sie das ganze Buch lesen. Wenn Sie weniger Zeit haben, lesen Sie gezielt nur die Stellen, die für Sie wichtige Informationen beinhalten.

- Alle wichtigen Informationen sind blau gedruckt.

- Schlüsselfragen mit Seitenverweisen zu Beginn eines jeden Kapitels erlauben eine schnelle Orientierung: Sie blättern direkt auf die Seite, die Ihre Wissenslücke schließt.

- *Zahlreiche Zusammenfassungen innerhalb der Kapitel erlauben das schnelle Querlesen. Sie sind blau gedruckt und zusätzlich durch ein Uhrsymbol gekennzeichnet, sodass sie leicht zu finden sind.*

- Ein Register erleichtert das Nachschlagen.

Inhalt

Vorwort

Haben Sie sich hin und wieder auch schon einmal gewünscht, einen schnellen Überblick über das Projekt zu bekommen, in zehn Minuten im Bilde zu sein oder einfach rasch Zusammenhänge erkennen zu können, ohne langatmige 40-seitige PowerPoint-Schlachten oder endlose Suchereien nach Detailinformationen?

Ärgern Sie sich manchmal auch über seitenlange Berichte und uferlose Darstellungen, die nur den Blick auf Teilinformationen zulassen? Möchten Sie selbst Informationen an Dritte auch gerne übersichtlicher darstellen und ein Blatt als Grundlage für ein Gespräch nutzen?

Wenn Sie diese Fragen mit „Ja" beantworten, wird Ihnen die OnePage-Methode neue Möglichkeiten eröffnen.

Es geht nicht darum, PowerPoint-Präsentationen, Dashboards o. a. zu ersetzen. Nein, es geht vielmehr um die Möglichkeit, in der heutigen Zeit eine Arbeits-/ Kommunikations- bzw. Gesprächsgrundlage zu schaffen, die einen Überblick, das schnelle Erfassen von Zusammenhängen und den schnellen Zugriff auf die Details ermöglicht.

In der Zukunft spielt die einfache Darstellung komplizierter Sachverhalte eine entscheidende Rolle.

„Die Kunst macht Dinge sichtbar."
(Paul Klee)

Mit diesem Buch möchte ich Ihnen den Grundgedanken der Methode sowie die Möglichkeiten näherbringen und die Neugier wecken, es selbst auszuprobieren. Es lohnt sich!

„OnePage macht essentielle Informationen sichtbar. Die Kunst ist, zu entscheiden, was essentiell ist."
(Dagmar Herzog)

Nun wünsche ich Ihnen viel Spaß beim Lesen, Offenheit für neue Sichtweisen, Gedanken und Ideen und die Neugier, Gelesenes auszuprobieren.

Herzlichst
Dagmar Herzog
Geschäftsführerin der MindBusiness GmbH

Der Grundgedanke von OnePage

Durch Gespräche mit Menschen wie Ihnen, der Begegnung mit den Forderungen des Alltags, Wünschen, Wissen und dem Drang, etwas verbessern zu wollen, entstand die Idee von OnePage.

Ich bin sehr viel unterwegs und arbeite mit Kunden vor Ort. Ob in Projekten, Trainings, Workshops: Viele Alltagssituationen werden miterlebt und diskutiert. Vorrangig kam immer wieder der Wunsch auf, einfach alles, Gedanken und Ideen, auf einem Blatt zu haben: von der Idee zur Planung, von den grundlegenden Informationen bis hin zu einem Status sowie Warnhinweisen, falls etwas kritisch wird, Wichtiges, auf das man achten soll, Zahlen, eigene Gedanken zu Strategien etc. Eben ein guter Überblick.

Sie kennen doch Kinder-Überraschungseier? Dann kennen Sie auch den Spruch: „Das sind ja gleich drei Wünsche auf einmal." Die soeben geschilderten Wünsche waren sogar noch größer.

Letztendlich entstand die OnePage-Methode durch viele Gespräche mit dem Team, den Spezialisten, Kollegen, durch Querdenken, den eigenen Wunsch nach „Überblick", Kenntnisse über unterschiedliche Arbeitsmethoden, das Lesen von Forschungsarbeiten, Neugier an neuen Wegen, Achtung von Bewährtem und eine Begeisterung für die Sache. OnePage ist eine Arbeitsmethode für den PC.

Die Methode an sich ist nichts Neues, sondern sie vereinigt das Bestehende in optimierter Form, integriert neue Vorgehensweisen, ändert die Darstellungen und den Blick dafür, zu entscheiden, was wichtig ist und was auf den ersten Blick benötigt wird. Kurzum: die Reduktion auf das Wesentliche.

Sind Sie bereit für OnePage?

Müssen Sie auch täglich große Mengen an Informationen aufnehmen, filtern und speichern? ❑

Arbeiten Sie häufig im Team und tauschen Sie Informationen mit Kollegen aus? ❑

Sind Sie auch genervt von 100-seitigen Power-Point-Vorträgen, die nicht enden wollen? ❑

Wünschen Sie sich, dass Ihnen die wichtigsten Informationen auf den Punkt gebracht übermittelt werden? ❑

Haben Sie in der Informationsflut manchmal das Gefühl, den Wald vor lauter Bäumen nicht zu sehen? ❑

Möchten Sie die erhaltenen Informationen so aufbereiten, dass Sie auch nach einem halben Jahr noch das Wesentliche auf einen Blick sehen? ❑

Fühlen Sie sich von der Informationsflut manchmal regelrecht überrollt? ❑

Haben Sie manchmal das Gefühl, dass Sie durch die Verarbeitung von Informationen viel Zeit verlieren, die Sie lieber in Ihre eigentliche Arbeit investieren würden? ❑

Haben Sie mehr als vier Kästchen markiert? Dann sind Sie ein Kandidat für die OnePage-Methode.

1. Die Methode OnePage

„Alles fließt."
Heraklit

Diese Aussage des bedeutenden griechischen Philosophen gilt heute noch genauso wie zu seinen Lebzeiten. Unsere gesamte Umgebung ist einem ständigen Wandel unterworfen. Die Anforderungen an uns ändern sich ständig. Wir befinden uns mitten im Informationszeitalter und sehen uns tagtäglich mit Unmengen an Informationen konfrontiert. Das Filtern, Verarbeiten und Vernetzen von Informationen sind zu unseren wichtigsten und am wenigsten der Änderung unterworfenen Fähigkeiten geworden.

1.1 Das steckt dahinter

Sicher kennen Sie auch die verschiedensten Methoden, um Informationen zu analysieren und aufzubereiten. Sie geben sie zum Beispiel in Form von Texten, Listen, Diagrammen, Tabellen und Ähnlichem weiter.
All diese Darstellungsarten haben ihren speziellen Einsatzbereich und machen für bestimmte Aussagen und Veranschaulichungen auch Sinn. Doch wenn es darum geht, sich ein Gesamtbild zu machen, genügen Fakten alleine oft nicht. Oder aber der Text ist zu umständlich und zu langatmig. Um ein Gesamtbild zu vermitteln, müssen Sie unterschiedlichste Informationen zusammenbringen, strukturieren und so darstellen, dass sich dem Betrachter das Wesentliche spätestens beim zweiten Blick erschließt. Genau diesen Blick auf das Wesentliche ermöglicht die Methode *MindBusiness OnePage*

> OnePage ist eine systemische, visuelle Methode, um relevante Informationen aus unterschiedlichen Datenquellen, eigene Gedanken und weitere daraus resultierende „Prozesse" auf einem Blatt übersichtlich zusammenzustellen. Sie ersetzt nicht die Methoden, die wir bisher so erfolgreich eingesetzt haben, sondern verbindet sie, um ein Gesamtbild zu schaffen. Mit ihr erreichen wir den Überblick über die Informationen zu einem Thema.

Softwarewerkzeuge für die Methode (Tools)

Die Methode lässt sich mit verschiedensten Werkzeugen für verschiedene Medien anwenden. So eignen sich für die OnePage-Methode beispielsweise Mindjet MindManager, Microsoft Visio und andere Microsoft-Office-Produkte wie PowerPoint und Excel.

Wichtig ist nur, dass Sie verschiedene Formatierungsmöglichkeiten haben und die verschiedenen Elemente frei anordnen und Bilder, Tabellen u.ä. einfügen können.

Nutzen Sie z. B. OnePages, um sich auf das nächste Teammeeting oder die nächste Präsentation vorzubereiten. Hierzu drucken Sie Ihre OnePage einfach in A3-Größe aus. So haben Sie während des Treffens das Wesentliche vor Augen. Sie können das Gespräch strukturiert abwickeln und die wichtigsten Punkte anschaulich vermitteln. Im Diskussionsfall haben Sie zu den angesprochenen Punkten Detailinformationen an der Hand.

Neben einem Ausdruck ist natürlich auch die Projektion vom Computer aus möglich, um die Ergebnisse zu präsentieren oder um beispielsweise Kollegen auf denselben Wissensstand zu bringen.

Ebenso gut lässt sich die OnePage-Methode nutzen,

um Informationen im Inter- oder Intranet zur Verfügung zu stellen. So können beispielsweise Prozessabläufe oder Projektplanungen dem gesamten Team zugänglich gemacht werden. Oder aber Sie können in Ihrem Unternehmen neue Mitarbeiter schnell in die neue Materie einarbeiten, indem Sie das vorhandene Wissen so aufbereiten, dass auch andere Mitarbeiter oder Kollegen wichtige Abläufe eines Mitarbeiters verstehen (im Falle von Krankheit, Kündigung etwa). So werden diese Abläufe nicht komplett unterbrochen.

Wichtige Säulen der OnePage-Methode sind der systemische Ansatz, die Reduzierung auf das Wesentliche sowie die gehirngerechte visuelle Aufbereitung.

Der systemische Ansatz

Systemische Ansätze beachten Muster, Zusammenhänge und Dynamiken. Der Mensch steht dabei im Mittelpunkt. Beziehungen und die Organisation strategischer und struktureller Zusammenhänge werden dynamisch verknüpft.

Grundgedanken sind unter anderem der stetige Wandel, die Beeinflussung von Teilstrukturen und Teilprozessen, Wahrnehmungsgewohnheiten sowie das Netzwerk der Interaktionen - das entscheidende Band zwischen den Teilen und dem Ganzen eines Systems. Das System kann das Team, die Abteilung, die Firma oder gar die Branche sein. Das hängt maßgeblich vom Zusammenhang und der Zielgruppe der OnePage ab.

Der Begriff des Systems bezieht sich sowohl auf das Ganze als auch auf die Teile eines Systems.

Reduzierung auf das Wesentliche

Der Grundgedanke bei OnePage heißt: Einfachheit. Jeder Kollege, jeder Mitarbeiter wird es Ihnen danken, wenn Sie sich bei Ihrer Informationsweitergabe auf die wesentlichen Punkte beschränken. Das Weglassen kann eine der größten Herausforderungen sein. Die Versuchung, mehr Informationen als unbedingt nötig in eine Präsentation mit aufzunehmen, ist sehr groß.

Sicher haben Sie sich auch schon das eine oder andere Mal gedacht: „Die eine Info pack ich noch rein … nur zur Sicherheit … falls jemand nachfragt."

> Das Motto lautet: „So viel wie nötig, so wenig wie möglich"

Auch wenn das Weglassen am Anfang als eine der größten Herausforderungen der OnePage-Methode erscheinen mag: Verlassen Sie sich darauf, dass es einfacher werden wird. Üben Sie die Reduktion auf das Wichtigste. Mit der Zeit werden Sie merken, dass Ihnen die Auswahl immer leichterfällt.

Wie wichtig die Konzentration auf das Wesentliche ist, zeigt sich schon in alltäglichen Sprichwörtern

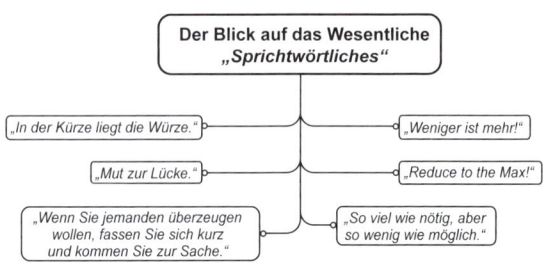

Gehirngerechte visuelle Aufbereitung

Menschen sind stark visuell geprägt. Das ist aus der Gehirnforschung bekannt. Informationen werden am besten über die Augen aufgenommen und so besser verarbeitet und gespeichert.

Bei der visuellen Aufbereitung spielen unter anderem Layout, Struktur, Farben, Bilder und Symbole eine Rolle. So kann ein Teil der zu übermittelnden Informationen visuell „kodiert" werden. So werden etwa gewisse Farben in bestimmten Kulturkreisen und Branchen mit bestimmten Aussagen assoziiert.

So kennen in unserem Kulturkreis schon kleine Kinder die Farbe Rot als Warnung und als Aufforderung zum Halten (bei Ampeln beispielsweise).

Aber auch Standards wie z. B. die Leserichtung spielen eine Rolle.

Weiter oben stehende Informationen werden eher wahrgenommen als Informationen, die unten stehen. Das macht sich nicht nur das Direktmarketing zunutze.

Neben den gelernten bzw. kulturell geprägten Standards gibt es aber auch solche, die uns physisch vorgegeben sind. So wird unser Auge instinktiv zuerst besonders große, bunte oder „aus der Reihe tanzende" Elemente wahrnehmen.

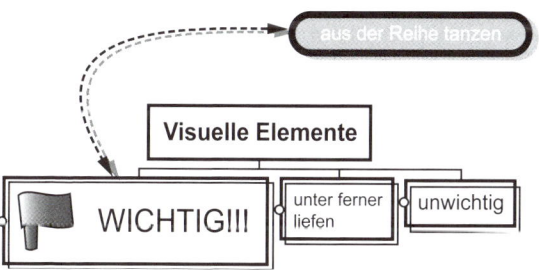

OnePage ist eine systemische, visuelle Methode, um relevante Informationen aus unterschiedlichen Datenquellen, eigenen Gedanken und weiteren daraus resultierenden „Prozessen" auf einem Blatt übersichtlich zusammenzustellen.
Die detaillierten Informationen sind dabei in der „dritten Ebene" durch dynamische Verbindungen schnell und jederzeit greifbar.

1.2 Das ist das Ziel

Mit der Methode sollen Informationen möglichst effektiv, gehirngerecht und auf den Punkt gebracht übermittelt und dokumentiert werden.

Die Kommunikation und die Dokumentation von Wissen werden somit erheblich vereinfacht. Ein Thema, das wir in einer OnePage aufbereitet haben, wird uns besser im Gedächtnis bleiben. Auch das Wissen ist leichter abzurufen.

Darüber hinaus ordnen wir beim Erstellen der OnePage die Informationen und Fakten ein, wir vernetzen das Neue mit bereits Bekanntem und erkennen so die großen Zusammenhänge. Dadurch versetzt uns die OnePage in die Lage, das Thema besser an Kollegen, Kunden oder Chefs zu kommunizieren und den eigenen Standpunkt souverän zu vertreten.

Mit der Methode OnePage erhalten Sie die Ansatzpunkte und Werkzeuge, um der Informationsflut Herr zu werden und Ihr Wissen effektiv zu nutzen. Dies erreichen Sie durch die Vernetzung der Informationen, die während des Erstellungsprozesses einer OnePage unausweichlich ablaufen wird.

In der heutigen Zeit bietet OnePage die Möglichkeit, mit der ungeheuren Menge an Informationen effektiv umzugehen. Sie unterstützt uns bei der Verarbeitung, Dokumentation und Kommunikation unterschiedlichster Informationen.

1.3 Wann wird von einer OnePage gesprochen?

Wenn man von einer OnePage spricht, müssen gewisse Voraussetzungen erfüllt sein.

- Die Inhalte müssen auf das Wesentliche reduziert sein – übersichtlich und strukturiert aufbereitet.
- Layout und Struktur unterstützen uns darin, das Wesentliche im Zusammenhang zu erkennen.
- Nicht jede Information sollte mühsam gelesen, sondern an passenden Stellen sinnvoll über Formen, Farben und Bilder übermittelt werden. Diese erfassen wir intuitiver und behalten sie auch leichter.

Methoden wie Balanced Scorecard, Ishikawa oder Portfolioanalyse sollten eingebunden sein, wo sie Sinn machen und die Aussage der OnePage unterstützen.

Jede Information wird jeweils passend gehirngerecht dargestellt. So besitzen ein paar kleine Diagramme für den großen Zusammenhang oft mehr Aussagekraft als endlose Zahlenkolonnen. Das Auge sollte unwillkürlich auf die wichtigsten Punkte geleitet werden.

Außerdem darf die OnePage keinesfalls zu bunt werden. Bilder und Farben dienen nie der Verschönerung, sondern erfüllen die Funktion des Informationsträgers. Sie werden sorgfältig und gezielt eingesetzt.

Die wichtigsten Merkmale einer OnePage sind die Reduktion auf das Wesentliche, der systemische Ansatz sowie die visuelle Umsetzung der Informationen. Sie muss das Wesentliche auf den ersten Blick ohne langes Studium der einzelnen Fakten vermitteln.

1.4 Checkliste

Ist die Darstellung übersichtlich?	❏
Sind Texte durch Bilder, Farben, Formen ersetzt?	❏
Sind Informationen wie der Aufgabenstatus mithilfe von Codierungen dargestellt?	❏
Sind alle Informationen für den ersten Blick wirklich wichtig?	❏
Sind die Detailinformationen bei Bedarf schnell und einfach greifbar?	❏
Wie sind die Zusammenhänge erkennbar?	❏
Ist der Betrachter schnell im Bilde?	❏
Sind Informationen vernetzt?	❏
Ist für den Betrachter alles nachvollziehbar?	❏
Sind Informationen aus unterschiedlichen Quellen zusammengefügt und eigene Gedanken dargestellt?	❏
Ist eine Transparenz durch Gewichtungen und Aufteilungen von Informationen erreicht?	❏

Auswertung:
- Weniger als drei Kästchen markiert? Keine OnePage.

- 4 – 5 Kästchen markiert? Die Richtung stimmt.
- Mehr als 7 Kästchen markiert? Weiter so!

Die Grundgedanken im Überblick:

- *Übersichtlichkeit*
- *alle Informationen auf einem Blatt*
- *Gewichtung und Aufteilung von Informationen –*
  der einfache Blick auf das Wesentliche
- *gehirngerechtes Arbeiten*
- *Transparenz*

Einfachheit ...
- *einfach am PC erstellen*
- *überflüssige Bürokratie wird vermieden*
- *Orientierung statt Informationsflut*
- *nicht richtig oder falsch, sondern besser*

Das wird überflüssig ...
- *PowerPoint-Schlachten*
- *Komplexität und Unübersichtlichkeit*
- *Stress durch zu viele Informationen*

Ergebnis ...
- *schneller Überblick über das Wesentliche*
- *Ihr Gesprächspartner ist schneller im Bilde*
- *optimale Vorbereitung auf Gespräche*
- *kein Suchen und Blättern bei Gesprächen*
- *Zeitersparnis bei der Wissensvermittlung*
- *konkrete Handlungsanleitungen*
- *Konzentration und Konsequenz*
- *klare Ziele*
- *Sprache, die Menschen schnell verstehen*

2. Die Umsetzung

**Was ist bei der Umsetzung
zu beachten?**

**Welche Werkzeuge helfen
mir bei OnePage?**

**Welche Wahrnehmungsge-
wohnheiten kann ich mir
zunutze machen?**

Bevor wir uns in Kapitel 3 ausführlich einem Praxisbeispiel widmen, besprechen wir hier nun den Ablauf der Erstellung einer OnePage und die wichtigsten Punkte bei der Umsetzung der Methode. Dazu gehören unter anderem wichtige Analysemethoden, die einen festen Platz in der OnePage-Methode gefunden haben. Für verschiedene Arbeitsschritte, Zielgruppen und Anwendungsszenarien sind ganz unterschiedliche Softwarewerkzeuge geeignet, um uns in der Umsetzung von OnePage zu unterstützen. Neben den Analysemethoden und der Software wollen wir auch eine Reihe von visuellen Mitteln betrachten, die wir nutzen können, um unsere Inhalte besser zu transportieren.

2.1 Verschiedene Arbeitsmethoden in der Kombination

In der Methode OnePage sind die bereits bekannten, bewährten Analyse- und Visualisierungsmethoden ein wichtiger Bestandteil. Einige dieser Methoden wollen wir hier vorstellen:

2.1.1 Balanced Scorecard
Die Balanced Scorecard (BSC) ist eine ganzheitlich orientierte, kennzahlenbasierte Managementmethode. Im Fokus der Betrachtung liegen dabei die Vision und Strategie eines Unternehmens. Relevante externe und interne Aspekte sowie deren Wechselwirkungen werden zudem beachtet.

2.1.2 Ishikawa

Man spricht hier auch von dem Ursache-Wirkungs-Diagramm. Das ist ein einfaches Hilfsmittel in Form einer Fischgräte zur systematischen Ermittlung von Problemursachen. Dabei werden die möglichen Ursachen, die eine bestimmte Wirkung auslösen, in Haupt- und Nebenursachen zerlegt. Anschließend folgt eine grafische Strukturierung der Ursachen, um eine übersichtliche Gesamtbetrachtung zu ermöglichen.

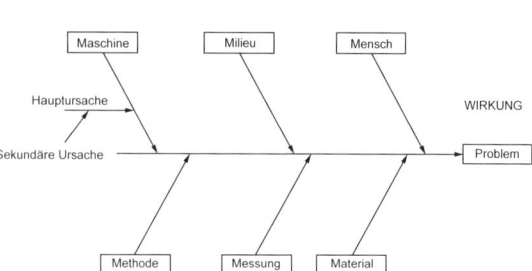

Ziel der Methode ist es, die Problemursachen zu identifizieren und mithilfe des Diagramms die Abhängigkeiten darzustellen.

2.1.3 KPI-Kennzahlen (Key Performance Indicators)

Die KPI-Kennzahlen verbinden die Lücke zwischen den Finanzkennzahlen auf Unternehmensebene und den Vorgängen im Unternehmen.

Drei beispielhafte Kennzahlen auf Unternehmensebene:

- Nettoertrag
- Rendite
- Cashflow

2.1.4 Lineare Optimierung

Die lineare Optimierung (Teilgebiet aus der Optimierungsrechnung) ist gerade bei komplizierten Problemen ein wichtiges Hilfsmittel zur optimalen Entscheidungsfindung. Sie wird verwendet, um das Minimum beziehungsweise das Maximum einer linearen Funktion unter einschränkenden Bedingungen zu ermitteln. Meistens ist dabei die zu maximierende Funktion die Gleichung für den Gewinn.

Die zu minimierende Funktion ist dann die Gleichung für die Kosten eines Unternehmens. Finden Sie die einschränkenden Bedingungen, die das Ergebnis beeinflussen, heraus und setzen Sie sie mit dem zu erreichenden Minimum/Maximum in Verbindung. Erst dann kann das Minimum oder das Maximum bestimmt werden.

2.1.5 MindMapping – Business Mapping

Eine Mind Map ist eine grafische Darstellung, welche die Beziehungen zwischen verschiedenen Begriffen aufzeigt. Die Arbeitsmethode basiert auf wissenschaftlichen Erkenntnissen der Gehirnforschung und wurde in den 60er-Jahren von Tony Buzan entwickelt.

Häufig wird auch von Gedanken-Landkarten gesprochen, die eng mit den Ontologie-Editoren semantischer Netze und Concept Maps verbunden sind. Die Nutzung von Farben und Bildern wird der kreativen Arbeitsweise des Gehirns gerecht. Informationen können einfach schneller erfasst, gelesen und überblickt werden. Während beim MindMapping mit Papier und Stift gearbeitet wird, spricht man von Business Maps, wenn digitale Maps erstellt werden. Sehen Sie im Folgenden eine Business Map. In der OnePage-Methode werden Business Maps eingesetzt:

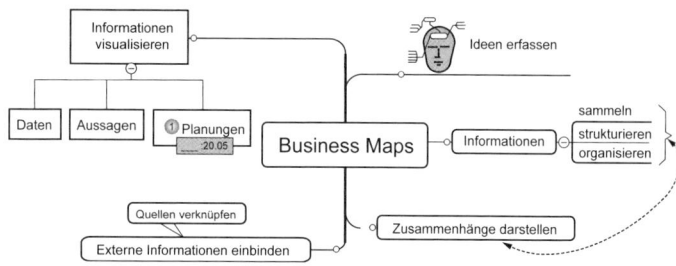

2.1.6 Portfolio

Das Portfolio ist eine Kollektion von Produkten, Dienstleistungen oder Warenzeichen, welche von einem Unternehmen angeboten werden. Dabei werden verschiedene Analysetechniken für den Aufbau eingesetzt: B.C.G.-Analyse, Deckungsbeitragsanalyse, Multifaktorenanalyse und Quality Function Deployment.

Im Boston Consulting Group (B.C.G) Portfolio werden beispielsweise Produkte eines Unternehmens in Abhängigkeit vom relativen Marktanteil und Marktwachstum in vier Kategorien eingeteilt.

Hierzu gehören die „poor dogs", „questionmarks", „stars" und „cash cows" – übersetzt: die „Armen Hunde", „Fragezeichen", „Stars" und „Milchkühe".

Das Produktportfolio ist dabei nur eine Untermenge des Unternehmensportfolios, die dann bis auf die Ebene des einzelnen Produktes (Anteil am Umsatz, Gewinn, Zuwachsraten usw.) definiert werden kann.

2.1.7 Projektstrukturpläne

Der erste Schritt in der operativen Projektplanung ist die Sammlung und Erfassung aller Vorgänge, welche für eine erfolgreiche Projektdurchführung notwendig sind.

Strukturpläne sind grafische Darstellungen, in welchen die Zusammenhänge und Nahtstellen zwischen den Teilaufgaben deutlich gemacht werden. So wird eine exakte Delegation der Aufgaben und Verantwortungen möglich. Projektstrukturpläne können objektorientiert oder funktionsorientiert gegliedert sein. Meist werden in der Praxis gemischtorientierte Projektstrukturpläne verwendet.

2.1.8 Stärke-Schwäche-Analyse

Bei der Stärke-Schwäche-Analyse handelt es sich um eine einfache und flexible Methode, innerbetriebliche Stärken und Schwächen auszuarbeiten. Sie ist Bestandteil der SWOT-Analyse.

Untersucht wird dabei die Position des eigenen Geschäftsbereiches/Unternehmens im Vergleich zu dem/zu den stärksten Wettbewerber(n).

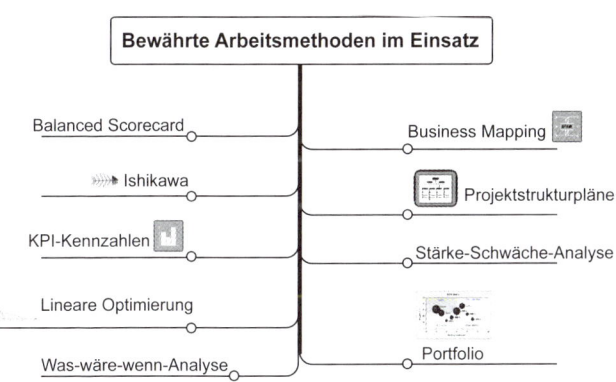

Abb. 2.1: Die verwendeten Methoden im Überblick

Verschiedenste Analysemethoden erfüllen bei bestimmten Anforderungen zuverlässig ihren Zweck. Diese Methoden sollen von OnePage nicht abgelöst werden, sondern werden zu einem Teil eines Gesamtkonzepts. Jede Methode macht das, was sie am besten kann, und die Ergebnisse werden anschließend nach der OnePage-Methode zusammengefasst und visualisiert.

2.2   Die passende Software

Die Methode OnePage ist nicht an eine bestimmte Software gebunden.

Wenn Sie Ihre erste OnePage erstellen wollen, sollten Sie sich kurz überlegen und auflisten, welche Software Ihnen zur Verfügung steht und welche Stärken bzw. welchen Zweck diese hat. Fragen Sie sich auch, für welche Zielgruppe die OnePage erstellt wird.

Idealerweise wird die OnePage nicht mit einem Programm erstellt. Es werden mehrere Programme des Softwareportfolios genutzt. Eine OnePage bringt häufig sehr unterschiedliche Arten von Informationen zusammen, für die es nicht die eine perfekte Art der visuellen Aufbereitung gibt.

Sie werden in diesem Buch immer wieder lesen, dass ich auch in Bezug auf Softwaretools immer nur von Werkzeugen spreche. Für mich sind Softwaretools auch nur Werkzeuge, nie Lösungen. Die Lösungen erschaffen erst Sie sich als Mensch – die Software ist lediglich Mittel zum Zweck.

Softwaretools sind Werkzeuge, die Sie in Ihrem Arbeitsalltag unterstützen und entlasten sollen. Sie befinden sich alle in Ihrem Werkzeugkasten. Je gezielter Sie das passende Werkzeug für eine Anforderung einsetzen, desto größer ist der Nutzen für Sie.

Hier möchte ich Ihnen sinnvolle Werkzeuge für den Einsatz in der OnePage-Methode vorstellen.

2.2.1 Mindjet® MindManager®

Mindjet MindManager eignet sich sehr gut, um die verschiedenen Informationen zu sammeln, zusammenzuführen und in ein Gesamtlayout zu verwandeln. Die Vorarbeit wird je nach Information in anderen Programmen (Tabellenkalkulation, Projektsteuerungssoftware u. Ä.) geleistet, die grafischen Ergebnisse dann jedoch in einer Business Map im MindManager vereint und in Bezug gesetzt.

Ein weiterer Vorteil des MindManagers ist die Möglichkeit, über verlinkte Dateien und Webseiten eine zweite Informationsebene in die OnePage zu integrieren, sodass auf Nachfrage zu jedem Punkt neben dem ersten Überblick auch Detailwissen zur Verfügung gestellt werden kann.

Mithilfe von Map-Markierungen kann zusätzlich eine dritte Informationsebene wie der Aufgabenstatus oder eine Ampelfunktion eingebunden werden.

2.2.2 Microsoft® Visio

In Microsoft Visio haben wir ebenso wie im Mind-Manager die Möglichkeit, unterschiedlichste Arten von Informationen einzubinden.

Die starke Integration zum Microsoft-Office-Paket sorgt dafür, dass Tabellen, Diagramme, Grafiken und Listen aus den anderen Programmen eingebunden werden.

Integrieren Sie Daten aus verteilten Quellen für komplexe visuelle, textliche und numerische Informationen in Ihre Diagramme und stellen Sie sie auf diese Weise in einem visuellen Zusammenhang dar. So gewinnen Sie ein vollständiges Bild der fraglichen Systeme und Prozesse.

2.2.3 Microsoft® Office

Das Office-Paket von Microsoft bietet mit dem Präsentationsprogramm PowerPoint, der Tabellenkalkulation Excel, dem Textverarbeitungsprogramm Word und einigen anderen Programmen eine gute und sehr weitverbreitete Möglichkeit, OnePages zu erstellen.
Hierbei können Sie sich für die entsprechenden Aufgaben wieder das passende Programm aussuchen. Diagramme und Tabelle erstellen Sie im besten Fall in Excel. Ablaufdiagramme können mit dem SmartArt-Modul leicht erstellt werden. Die Zusammenführung auf einer Seite ist durch die gute Integration der Programme untereinander ein Kinderspiel.

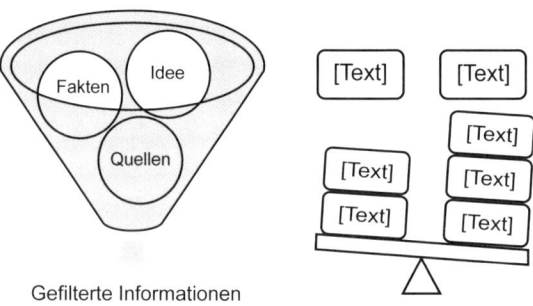

Abb. 2.2: SmartArts dienen der Visualisierung und sparen Texte.

Informationen können mithilfe der SmartArts leichter und optimiert dargestellt werden.

OnePage wird je nach Inhalt und Zielgruppe mit unterschiedlichen Werkzeugen umgesetzt. Geeignete Programme sind beispielsweise Mindjet® MindManager®, Microsoft® Visio und Microsoft® Office.
Sie alle bieten die Möglichkeit, verschiedene Arten von Informationen (Grafiken, Diagramme, Tabellen, Listen, Bilder usw.) zusammenzuführen und zu visualisieren.

2.3 Visualisierungselemente

Wir Menschen haben gewisse Wahrnehmungsgewohnheiten. Einige davon sind physisch bedingt, andere wiederum durch gesellschaftliche Normen geprägt.
Das Wissen um diese Gewohnheiten erleichtert uns die Aufgabe, Informationen so aufzubereiten, dass sie einfach zu erfassen sind. Sie bewahren uns möglicherweise davor, beim Empfänger völlig falsche Assoziationen und Botschaften ankommen zu lassen, als zu verschicken die Absicht war.

2.3.1 Farben
Farben sind in der visuellen Gestaltung sehr hilfreich! Einerseits werden bestimmte Farben als besonders auffällig wahrgenommen, was rein physisch begründet ist, andererseits haben Farben gesellschaftlich verankerte Bedeutung, derer man sich bewusst sein sollte:
„Knallige" Farben fallen sofort ins Auge. Sie stechen heraus. Diese Farben haben immer eine hohe Sättigung

(d. h. sie haben so gut wie keine erkennbare Zumischung von Schwarz oder Weiß). Man spricht in diesem Zusammenhang auch von Signalfarben. Diese Auffälligkeit kann man sich zunutze machen. Wenn Sie ein bestimmtes Thema hervorheben wollen, markieren Sie es mit einer knalligen Farbe. Beschränken Sie den Gebrauch von Signalfarben, denn zu viele knallige Farben wirken verwirrend und lassen den gewünschten Effekt verpuffen.

Farben einer etwas sanfteren Version können für eine Gruppierung genutzt werden. Verschiedene Elemente, die auf einer bestimmten Bedeutungsebene zusammengehören, räumlich jedoch verteilt auf dem Blatt angeordnet sind, können mit derselben (Pastell-)Farbe versehen werden und werden somit vom Betrachter als zusammengehörig erfasst. Nutzen Sie dies beispielsweise, um innerhalb eines Unternehmens bestimmten Abteilungen immer dieselbe Farbe zuzuordnen. So können Sie sich für Ihre OnePages einen Farbcode schaffen, an den sich nach einiger Zeit die Mitarbeiter gewöhnen werden. Nach einer gewissen Zeit müssen Sie dann nicht einmal mehr eine Legende oder Erklärung für die Bedeutung der jeweiligen Farbe liefern.

Beachten Sie auch die kulturell verankerte „Bedeutung" von Farben. Sie entspringen meistens einer oft gemachten Erfahrung mit einer gewissen Norm im Alltag. Prägend ist z. B. die Ampel mit ihren Farben Rot, Gelb und Grün. Allgemein wird Rot mit „Stopp!" oder „Vorsicht" assoziiert. Grün dagegen hat in diesem Zusammenhang eine positive Bedeutung, nämlich „Los" oder „Vorwärts". Je nach Zusammenhang kann sich die Bedeutung aber auch ändern: So steht die Farbe Rot auch für die Liebe. Da Liebe in der Geschäftswelt allerdings eine eher untergeordnete Rolle spielt, wird diese Bedeutung von

Rot im normalen Arbeitsalltag nicht so relevant sein. Neben diesen kulturell verankerten Bedeutungen werden den verschiedenen Farben unterschiedliche Einflüsse auf uns Menschen zugeschrieben. Die dynamisierende Wirkung von Rot soll uns im gegenteiligen Fall aggressiv stimmen. Grün dagegen wirkt entspannend, Blau vermittelt Ruhe und Seriosität und Gelb versetzt uns in eine freundliche Stimmung.

Denken Sie daran: Farben dienen nicht nur der Ausschmückung, sondern sie werden als Informationsträger gezielt eingesetzt.

2.3.2 Bilder

Der altbekannte Spruch „Ein Bild sagt mehr als tausend Worte" hat einen wahren Kern. Denn wir erkennen den Sinn eines gut gewählten Bildes instinktiv und ordnen es in den Bedeutungszusammenhang ein.

Bei der Verwendung von Bildern in einer OnePage ist es wie mit der Verwendung von Farben: Setzen Sie sie sparsam und gezielt ein. Eine Seite voller Bilder ist der Informationsvermittlung nicht sehr dienlich. Bilder sind Eyecatcher. Seien Sie sich beim Einsatz von Bildern auch darüber im Klaren, dass ein paar wenige Bilder auf einer Seite automatisch gleichzeitig eine Betonung der bebilderten Aspekte darstellen. Das Auge wird zuerst die Bilder erfassen und sich erst danach mit „Nebensächlichkeiten" wie etwa dem umgebenden Text befassen.

Das bedeutet für die Praxis: Setzen Sie keinesfalls beim unwichtigsten aller Punkte auf der OnePage ein Bild ein, nur weil Sie gerade ein „schönes" Bild haben!
Tipp: *Nutzen Sie wenige klar verständliche Bilder, die eine klare unmissverständliche Aussage haben.*

2.3.3 Formen

Natürlich spielt der persönliche Geschmack bei der Gestaltung immer eine gewisse Rolle. Überlassen Sie ihm jedoch die Auswahl der benutzten Formen nicht komplett, denn auch Formen übermitteln eine gewisse Botschaft. Die meisten Menschen haben eine Vorliebe in Bezug auf Formen. So gibt es eher „geradlinige" Typen und solche, die geschwungene, weichere Formen bevorzugen.

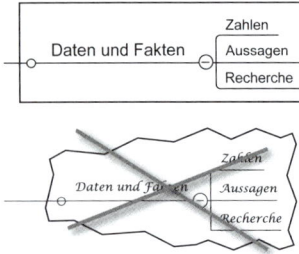

Abb. 2.3: Passende und unpassende Formen

Eine Liste harter Fakten, die beispielsweise in eine geschwungene Wölkchenform eingefasst ist, wird unter Umständen nicht als rationale und unumstößliche Aufzählung erfasst werden. Im Gegensatz hierzu kann ein einfacher Gedanke, eine Idee, ein Denkanstoß in einem klassischen, streng geometrischen Rechteck als „festgemauertes" Statement verstanden werden.

Nutzen Sie Formen so, dass zwischen der Art der Information (harte Fakten – subjektive Einschätzung, „Gefühl") und der Form ein Zusammenhang besteht. Harte, eckige, kantige Formen für streng logische Aussagen und harte Fakten – weiche, abgerundete und geschwungene Formen für „weiche", subjektive und nicht unumstößliche Aussagen.

2.3.4 Strukturen

In welcher Struktur die Informationen angeordnet sind, hat einen großen Einfluss auf deren Wahrnehmung. Vergleichen Sie bestimmte Fakten und stellen Sie sie einander gegenüber, ist die Form eines Organigramms die beste Wahl. Bei einer reinen Aufzählung von Fakten hat sich eine Listenform mehr als bewährt.

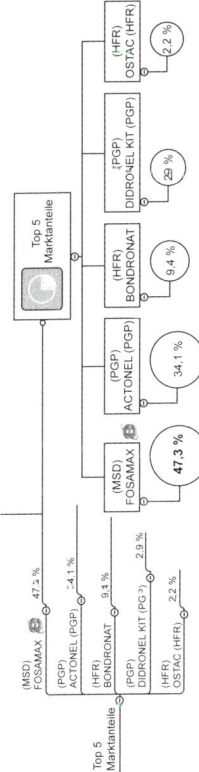

Abb. 2.4: Struktur: so … oder so! Die leichtere Wahrnehmung

Die Struktur einer OnePage macht immer auch eine Aussage über das Thema. Wenn Sie die verschiedenen Informationen (Texte, Bilder, Listen, Diagramme …) wild auf der Seite anordnen, wird sich dem Betrachter der Zusammenhang nicht erschließen.
Ziel ist es also, der Gesamtseite eine Struktur zu geben nicht nur einzelnen Punkten.

 Farben, Bilder, Formen und Strukturen werden vom Menschen intuitiv, leichter und schneller als Schrift erfasst und verarbeitet.
Die richtige Wahl der Visualisierungselemente kann Sie in Ihrer Aussage unterstützen. Dazu müssen Sie sie gezielt, bewusst und der zu transportierenden Information angepasst einsetzen.

2.4 Checkliste

Haben Sie für die Inhalte der OnePage
einige der aufgezählten Analysemethoden genutzt? ❏

Haben Sie die Informationen entsprechend
der ausgewählten Analysemethode visualisiert? ❏

Haben Sie jeweils die Software dafür
eingesetzt, die am besten geeignet ist? ❏

Haben Sie die wichtigsten Punkte mit
Signalfarben betont? ❏

Haben Sie überprüft, ob die Farben womöglich
ungewollte Assoziationen hervorrufen? ❏

Sind die Bilder ausschließlich als
Informationsträger eingesetzt? ❏

Sind die Informationen passend angeordnet
und gestaltet? ❏

Sind Strukturen und Anordnungen
zielgerichtet eingesetzt? ❏

- *OnePage ersetzt nicht die bisherigen Methoden, sondern verbindet sie zu einem sinnvollen Ganzen.*
- *Verschiedene bewährte Analysemethoden sind fester Bestandteil der OnePage-Methode:*
  - *Balanced Scorecard*
  - *Ishikawa*
  - *KPI-Kennzahlen*
  - *Lineare Optimierung*
  - *MindMapping – Business Mapping*
  - *Portfolio*
  - *Projektstrukturpläne*
  - *Stärke-Schwäche-Analyse*
  - *...*
- *Sie sind in der Umsetzung der OnePage-Methode nicht auf eine bestimmte Software angewiesen. Mögliche Werkzeuge sind:*
  - *Mindjet MindManager*
  - *Microsoft Visio*
  - *Microsoft Office*
  - *...*
- *Setzen Sie die Mittel der Visualisierung sparsam und zielgerichtet ein:*
  - *Farben*
  - *Bilder*
  - *Formen*
  - *Strukturen*

3. Die Praxis – ein Alltagsszenario

Wie werden die einzelnen Phasen betrachtet?

Wie bauen Sie unterschiedliche Informationsebenen auf?

Wie sind Anordnung und Gestaltung?

München, Dienstagmorgen, 8.30 Uhr:
Sie arbeiten in einem mittelständischen Unternehmen. In Ihrem Unternehmen wird eine neue Vertriebssoftware eingeführt. Sie sind der Projektleiter. Auf eine gute Kommunikation wird in Ihrem Unternehmen großen Wert gelegt. Das Projekt soll daher im Unternehmensnetz abgebildet werden. In unserem Fall wird das Projekt in SharePoint verwaltet. Der Satz „Herr Müller, ich möchte mir ab und an eine schnelle Übersicht über das gesamte Projekt verschaffen und habe keine Zeit für langes Suchen" kommt Ihnen bekannt vor? Ihr Chef wünscht sich eine übersichtliche Darstellung. Eine erfolgreiche Zusammenarbeit im Team erfordert eine übersichtliche Arbeitsoberfläche.

Die Anforderungen lauten: Übersicht über das Projekt, alle Formulare im direkten Zugriff erreichbar, Anzeige des Projektstatus, Kontaktdaten des Projektteams, Meilensteine, Kosten, Ressourcen, gibt es Probleme oder läuft alles, welche Formulare wurden bereits bearbeitet, wie viele Stunden wurden bereits in das Projekt investiert etc. ...

Wir begleiten Sie nun auf dem Weg von der Aufgabe bis zur OnePage. In einem Rundflug werden wir Ihnen die verschiedenen Phasen zeigen und auch, wie sich Informationen mithilfe der Visualisierung darstellen lassen. Außerdem zeigen wir Ihnen, worauf Sie bei der Verarbeitung achten sollten und wie Sie Details im Auge behalten.

3.1 Informationsebene 1 – der Start

In solchen Momenten schießen uns 1000 Fragen und Gedanken durch den Kopf. Der einfachste Weg für die eigene Vorgehensweise ist die Sammlung Ihrer Gedanken. Das erfolgt am besten in einer Business Map. Starten Sie den Weg zu der OnePage mit dem Werkzeug MindManager und der Arbeitsmethode Business Mapping.

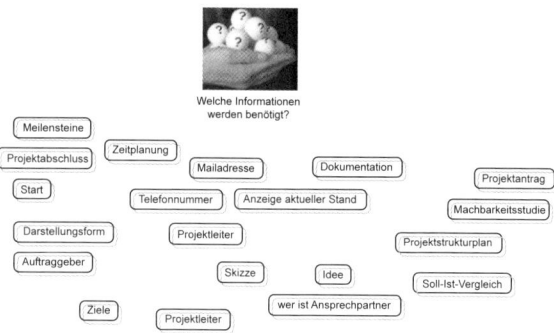

Abb. Schnell und unkompliziert erste Gedanken festhalten – das klassische Brainstorming

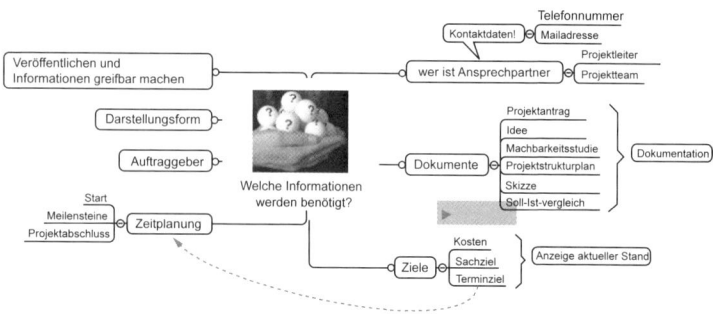

Abb. 3.1: Strukturen einfach aufgebaut

Nun heißt es, das Chaos der Gedanken in eine Struktur zu bringen. Auch das passiert noch alles im MindManager. Die Business Map hilft Ihnen, eine genauere Übersicht über die Aufgabe zu bekommen und zu sehen, welche Informationen tatsächlich benötigt werden.

Je mehr Sie über den Aufbau der Projektverwaltung nachdenken, desto mehr beschäftigen Sie sich mit der Frage: Wie können die Projektphasen am besten dargestellt werden? Wie können die Informationen integriert werden und trotzdem Text gespart werden?

Rufen Sie sich das Bild der Treppe in den Sinn: Sie symbolisiert den Fortschritt und lässt noch genügend Platz, Detailinformationen einzubinden. Die Frage ist nun, mit welchem Werkzeug die nächsten Schritte umzusetzen sind.

Microsoft® Visio ist in diesem Fall genau das richtige Werkzeug, um Daten in einem visuellen Zusammenhang darzustellen und aus verteilten Quellen komplexe Informationen zu integrieren – egal ob visuelle, textliche oder numerische.

So gewinnen Sie später ein vollständiges Bild über die Prozesse – eine OnePage.

Die nächsten Schritte in Visio und die genaue Vorgehensweise werden Ihnen nun in Schnappschüssen nähergebracht.

Schritt 1:
Die Visio-Seite wird aufgebaut, der Rahmen gesetzt, Informationen erfasst.

Mein Tipp: Schaffen Sie sich mithilfe von Hintergründen und Rahmen schon jetzt eine „bildhafte" Arbeitsoberfläche. Sie stimulieren damit Ihr bildhaftes Denken und Ihre Gefühle. In dem Buch „30 Minuten für Kreativitätstechniken" von Claudia Bayerl (GABAL, 2005) finden Sie hierzu nähere Ausführungen.

Um die Projekttreppe abzubilden, wurden einfache Shapes in verschiedenen Größen genutzt und die dazu wichtigen Dateien als Text eingefügt.

Eine Darstellung der Phasen eines Projektes nach dem Motto „Stück für Stück geht es aufwärts". Zudem sind alle benötigten Dokumentnamen erfasst und zugeordnet.

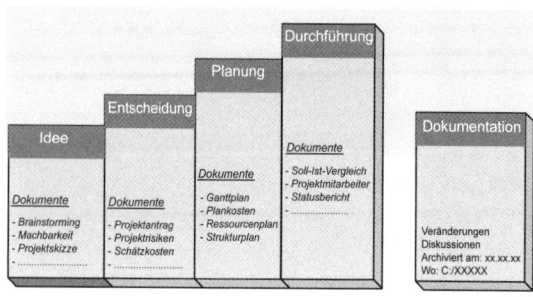

Abb. 3.2 Der Aufbau in Visio

3.2 Checkliste – Die OnePage-Brille

Haben Sie an alles gedacht und alle
Informationen erfasst?   ❑

Haben Sie Ihre gesammelten Informationen
in eine Struktur gebracht?   ❑

Haben Sie für sich selbst einen Überblick erreicht?   ❑

Haben Sie Zusammenhänge beachtet
und visualisiert? ❏

Haben Sie sich Gedanken gemacht, welches Werkzeug das passende für die nächsten Schritte ist? ❏

Haben Sie ein passendes Bild für die
Umsetzung vor Augen? ❏

Haben Sie die Grundlagen für die nächsten
Arbeitsschritte geschaffen? ❏

Am Anfang ist es wichtig, alle Gedanken zu sammeln.
Bringen Sie die Gedanken dann in eine Struktur. Arbei-
ten Sie Zusammenhänge heraus und visualisieren Sie
sie. Visualisierungselemente können Farben, Pfeile oder
Formen sein. Holen Sie sich ein passendes Bild vor Au-
gen, das den gesamten Kontext untermauert und da-
mit Text einspart. Nehmen Sie sich hierfür ausgiebig
Zeit – umso schneller geht es nachher.
Entscheiden Sie sich, mit welchem Softwaretool (wir
nennen es ab jetzt nur noch „Werkzeug") die Umset-
zung erfolgen soll.
Legen Sie los!

3.3 Informationsebene 2 – Details im Zugriff

Was machen Sie mit den Dokumenten, die Ihre
Kollegen in den Projekten benötigen? Vom Formular
über den Antrag bis hin zu Checklisten? Wie können
Sie sich und den Kollegen einen schnellen Zugriff auf
die passenden Detailinformationen ermöglichen?

Schritt 2:

Nutzen Sie die Hyperlink-Funktion und verknüpfen Sie alle wichtigen Detailinformationen – egal ob es sich hierbei um spezielle Dokumente, Webseiten, Intranetseiten, Mailadressen etc. handelt.

Bilden Sie eine zweite Informationsebene und binden Sie alle externen, heterogenen Informationen ein.

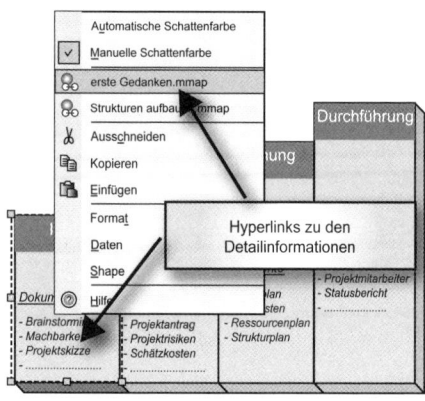

Abb. 3.3: Externe Informationsquellen werden über Hyperlinks verknüpft.

Fragen Sie sich nun: Wie kann ich eine noch bessere Übersicht erreichen? Wie finden Kollegen, Chefs oder all die, die nicht ständig mit dem Projekt zu tun haben, schnell den richtigen Weg zu den Detailinformationen?

Schritt 3:

Haben Sie den Mut, Farben, Symbole bzw. Bilder zu nutzen. Bilder kann das Auge sehr viel schneller wahr-

nehmen als einzelne Buchstaben, die zu einem Wort zusammengefügt sind. Denken Sie an das Sprichwort „Ein Bild sagt mehr als 1000 Worte".
Wichtig: Setzen Sie nicht zu viele Bilder ein. Die Bilder müssen passen!

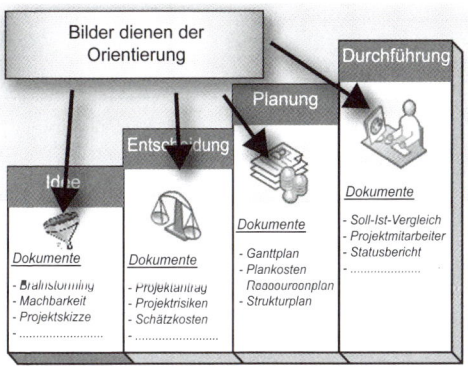

Abb. 3.4: „Ein Bild sagt mehr als 1000 Worte"

Die Projekttreppe ist nun erst mal erstellt. Die Übersicht ist vorhanden.
Doch wohin mit all den Fakten wie Projektleiter, Kontaktdaten, Projektnummer, Status etc.? Diese Informationen haben nichts mit den Arbeitsdokumenten bzw. den Schritten zu tun.

Schritt 4:
Auf dem Blatt rechts außen haben wir einen großen Rahmen eingefügt und dort alle Fakten aufgenommen. So sind die Eckdaten, also die grundsätzlichen Projektinformationen, übersichtlich zusammengeführt.

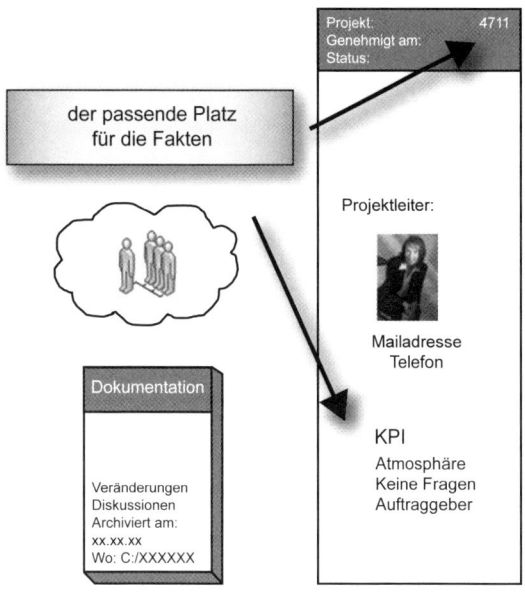

Abb. 3.5: Der richtige Rahmen für Daten und Fakten zum Projektteam

In diesem Bereich ist nicht nur der Name des Projektleiters zu lesen, sondern auch sein Bild zu sehen. Warum? Der Wiedererkennungswert ist viel höher, wenn Sie Bilder einsetzen.

Das Auge des Betrachters kann den Informationsgehalt mithilfe von Bildern viel schneller aufnehmen und schneller entscheiden, ob diese Informationen für ihn wichtig sind oder nicht. Das passiert im menschlichen Unterbewusstsein – in Bruchteilen von Sekunden.

3.4 Checkliste – Die OnePage-Brille

Haben Sie alle wichtigen Detailinformationen
schnell greifbar gemacht? ❏

Haben Sie Bilder als Unterstützung oder zur
Wiedererkennung eingesetzt? ❏

Haben Sie auch nicht zu viele Bilder eingebunden? ❏

Haben Sie Farben zur Orientierung eingesetzt? ❏

Haben Sie zusammengehörende Informationen
passend positioniert? ❏

Sind Bilder/Farben ausschließlich als
Informationsträger eingesetzt? ❏

Externe, heterogene Informationsquellen werden mithilfe von Hyperlinks eingebunden. Bilder werden hierbei als Orientierungshilfe eingesetzt. Informationen werden passend zusammengefügt und in der gesamten Darstellung übersichtlich positioniert. Durch die Anordnung und Gestaltung wird Informationen Aussagekraft verliehen.

3.5 Informationsebene 3 – Kodierungen

Kennzahlen, anhand derer man den Fortschritt oder
den Erfüllungsgrad hinsichtlich wichtiger Zielsetzungen oder kritischer messen und/oder ermitteln kann,
bezeichnet man in der Betriebswirtschaft als Key Performance Indicators.

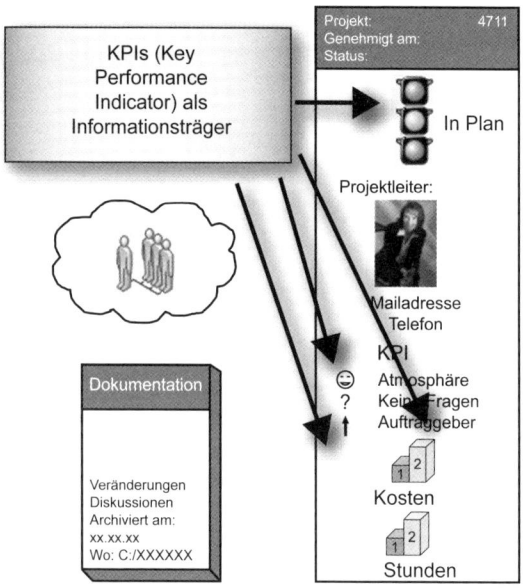

Abb. 3.6: KPIs sichtbar gemacht – kleine Icons, große Wirkung

Jedes Projekt wird mithilfe solcher KPIs dargestellt, sodass der Projektleiter kontinuierlich die Leistung innerhalb des Projektes steuern und messen kann. Ziele werden auf Basis von Indikatoren vorgegeben und Ist-Werten aus dem operativen Prozess gegenübergestellt. Das gesamte Zahlenwerk ist aber nicht für jeden wichtig. So interessiert beispielsweise das Management oder den Auftraggeber nur der aktuelle Status (Kostenhöhe, Zeitplanung etc.).

Schritt 5:
Mithilfe kleiner Icons kann der Status wiedergegeben werden. Die Zahlen im Detail liegen wiederum sofort greifbar als Verknüpfung zur Verfügung. Das spart Platz und schafft eine sehr gute Transparenz!
Erinnern Sie sich noch an die vielen Wünsche, die wir zu Beginn des Büchleins vorgestellt hatten? Welche Information wird für eine gesamte Projektübersicht noch dringend benötigt? Die Zeitplanung!

Schritt 6:
Die zeitliche Planung erfolgt in einem Projektmanagement-Tool. In diesem Falle in Microsoft® Project. Die komplette Datei ist aber nur für das Projektteam wichtig. Für die erste Übersicht genügt eine Gantt-Ansicht. Hierbei optimal: Die Aktualität ist durch die dynamische Verknüpfung gewährleistet.

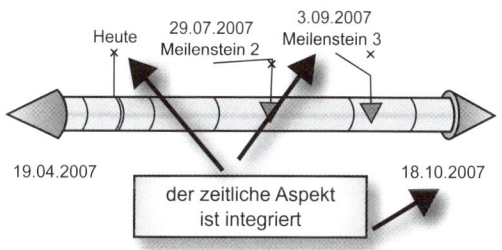

Abb. 3.7: Die Zeitplanung ist als dynamische Verknüpfung, nicht als statische Bilddatei integriert!

Sehen Sie sich das Ergebnis in der Gesamtdarstellung an.

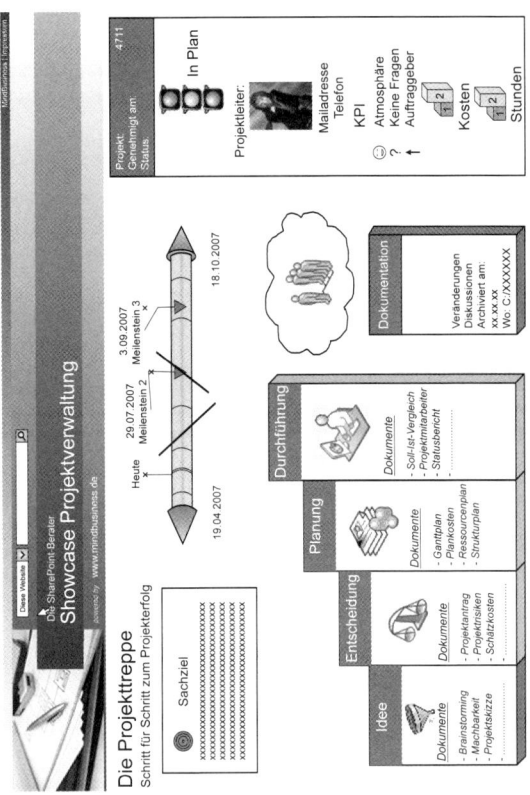

Abb. 3.8: Die Übersicht ist Grundlage für das grafische „Feintuning".

In dieser Darstellung sind alle Wünsche, Anforderungen aus dem Alltag integriert: Eine transparente Übersicht, die Details im Hintergrund abrufbar – schnell und unkompliziert und mit einem Klick.

Kennzahlen sind sofort sichtbar, ebenso die Zeitplanung und die jeweils Verantwortlichen. Eine klassische OnePage, die Transparenz gewährleistet.

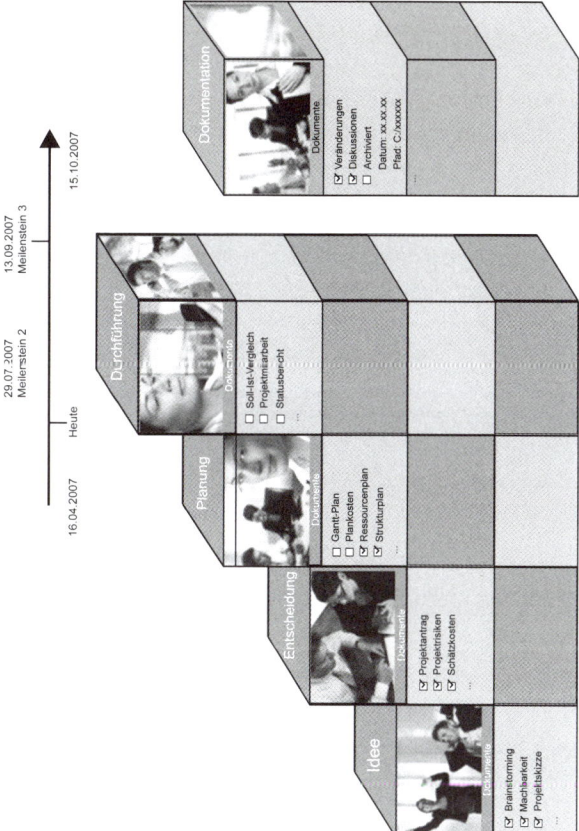

Abb. 3.9: Feinschliff – Der Weg zu einem unverwechselbaren Gesicht

Das MindBusiness-Team hat Ihnen diese Seite aus dem Arbeitsalltag zur Verfügung gestellt. Sie war die Vorarbeit für das Gespräch mit unserer Layouterin. Mit dieser OnePage haben wir unsere Wünsche für eine übersichtliche Projektverwaltung im Intranet sehr viel besser verdeutlichen können. Das Arbeitsgespräch ist effizienter, ziel- und ergebnisorientierter abgelaufen.

Das Ergebnis finden Sie auf der Webseite www.sharepointberater.de umgesetzt. Wollen Sie schon mal einen Blick auf den Feinschliff wagen? Hier ist ein erster Ausschnitt.

Bei dem Gesamtbild wurde das Augenmerk auf die Anordnung und die Gestaltung gelegt.

 Kennzahlen sind wichtig, aber nicht für alle im Detail. Mithilfe von passenden Icons können Kennzahlen für den ersten Überblick dargestellt werden. Prioritäten, Status, Kosten, Zeit usw.
Zusatzinformationen werden mithilfe von Kodierungen als dritte Informationsebene hinterlegt.

3.6 Checkliste – Die OnePage-Brille

Haben Sie wichtige Kennzahlen berücksichtigt? ❏

Sind die Kennzahlen schnell greifbar? ❏

Haben Sie die Kennzahlen visuell aufbereitet? ❏

Sind die Icons für den Betrachter
„nachvollziehbar"? ❏

Haben Sie die Zeitplanung inklusive
der Meilensteine berücksichtigt? ❏

Sind alle wichtigen Informationen sichtbar? ❏

Ist der Betrachter mithilfe der OnePage im Bilde oder muss er sich noch etwas „zusammenreimen"? ❏

- *In der Praxis kombinieren Sie verschiedene bewährte Arbeits- und Analysemethoden.*
- *Die Umsetzung der OnePage-Methode erfolgt meist mit mehreren Softwarewerkzeugen.*
- *Informationen werden aus den unterschiedlichsten Quellen zusammengezogen.*
- *Detailinformationen sind immer verknüpft.*

Visualisierungselemente haben eine tragende Rolle:

  - *Farben*
  - *Bilder*
  - *Formen*
  - *Strukturen*

- *Grafische Gestaltungsgrundlagen sind wichtig.*
- *Setzen Sie die Mittel der Visualisierung sparsam ein.*
- *Eine OnePage wird zielgruppenorientiert aufgebaut.*
- *Inhalte werden „passend", ohne „Rüschchen und Schnörkel" dargestellt.*
- *Setzen Sie immer die OnePage-Brille auf und schauen Sie mit dem Auge des Betrachters auf das Ergebnis.*
- *Haben Sie Mut zu Farben, Formen, Symbolen und Bildern – sie sind Informationsträger.*
- *Beachten Sie aber immer, dass „weniger mehr ist".*
- *OnePage ist die Reduktion auf das Wesentliche.*

4. Fakten zu OnePage

MindBusiness OnePage steht für die Visualisierung komplexer Informationsgebilde auf einem Blatt. Dabei werden die Detailinformationen nicht vergessen, sondern im Hintergrund greifbar gemacht.

Die Grundsätze liegen in der Einfachheit und der Reduktion auf das Wesentliche. Visualisierungselemente helfen, ausführliche Textbeschreibungen zu reduzieren und Zusammenhänge sichtbar zu machen. „Der einfache Blick auf das Wesentliche."

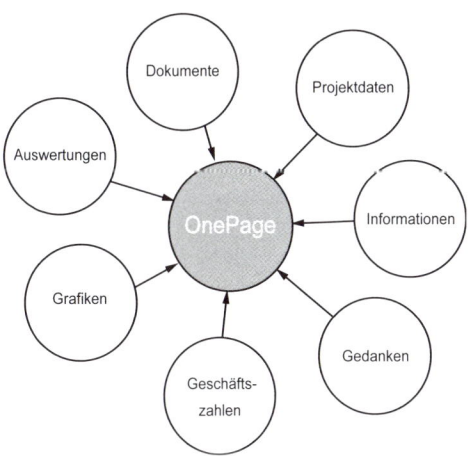

Abb. 4.1: Das kann alles auf eine OnePage.

Sie haben in den drei vorhergehenden Kapiteln die Mittel und Werkzeuge sowie ein Praxisbeispiel an die Hand bekommen. Abschließend wollen wir noch einmal die Einsatzmöglichkeiten, die Zielgruppe, Ihren konkreten Nutzen aus der Methode sowie Abgrenzungen herausstellen.

Des Weiteren finden Sie noch ein paar ausgewählte Beispiele für Do's und Don'ts – so fällt der Start leichter.

4.1 Einsatzmöglichkeiten für OnePage

Der Einsatz von OnePage macht überall da Sinn, wo mit vielen verschiedenen Informationen, Daten und Fakten, Gedanken und Ideen kombiniert gearbeitet werden muss. Dann, wenn komplexe Sachverhalte zusammengetragen, eigene Gedanken berücksichtigt und Details integriert werden müssen.

Für die Vermittlung oder Präsentation dieser komplexen Inhalte und die Kommunikation in Teams oder mit Kunden ist OnePage ein wertvoller Ansatz.

Das Ziel ist es, „den anderen schnell ins Bild zu setzen", denn: „Was nicht zu verstehen ist, kann nicht auf Verständnis stoßen."

Diese Anforderungen gibt es im Bereich des Projektmanagements und der -steuerung, im Marketing, Vertrieb, Controlling, der Geschäftsführung und Produktion, aber auch in zahlreichen, hier nicht genannten Bereichen.

Wenn Sie immer wieder mit einer großen Anzahl von Informationen zu tun haben und hin und wieder das Gefühl bekommen, diese nicht mehr angemessen verarbeiten und ordnen zu können, dann ist OnePage vermutlich genau die Methode, die Ihnen dabei hilft.

Die Filterung, Strukturierung und visuelle Aufbereitung der wesentlichen Punkte zu einem Thema schafft beim Ersteller der OnePage Klarheit und sorgt für einen umfassenden Überblick.

Nur der Überblick verhilft auch zum Weitblick, der für den Arbeitsalltag so immens wichtig ist. Wird die

OnePage mit dem Ziel erstellt, Dritten Überblick zu
verschaffen, müssen Wahrnehmungsgewohnheiten
und zielgruppenspezifische Anforderungen berücksichtigt werden.

Probieren Sie es aus! Erstellen Sie Ihre nächste Projektübersicht, die Präsentation der Marketingkam-
pagne, die Zusammenfassung der Vertriebsergebnisse,
den geplanten Produktionsablauf, die wichtige anste-
hende Entscheidung oder die strategische Ausrichtung
des Unternehmens als OnePage.

Der nächste Schritt: Bringen Sie mehrere OnePages in
Zusammenhang und bilden Sie damit eine transparente Informationslandschaft ab.

Sie finden einige Beispiele auf der Webseite
www.sharepointberater.de. Gerade im Intranet oder
auf Webseiten müssen Informationen übersichtlich
zur Verfügung und untereinander vernetzt dargestellt werden.

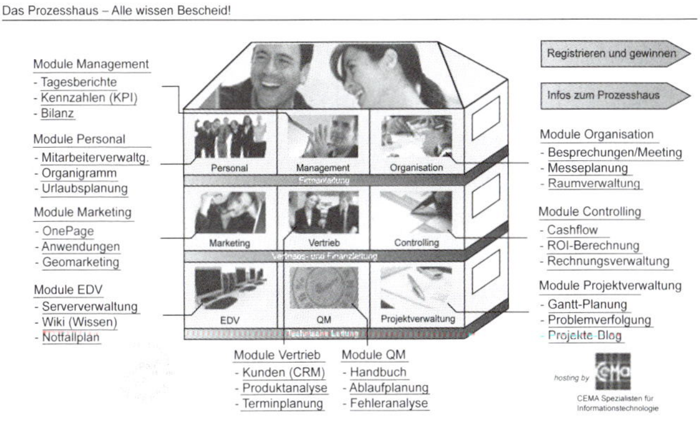

Das Prozesshaus – Alle wissen Bescheid!

*Abb. 4.2: OnePages zu einer Informationslandschaft
vereinen*

OnePage eignet sich für
- *Projektpläne*
- *Statusberichte*
- *Jahresabschlussberichte*
- *Marketingkampagnen*
- *Vertriebsrichtlinien*
- *Entscheidungsgrundlagen*
- *Entscheidungspräsentationen*
- *Kunden-/Produktübersichten*
- *Informationscockpits für das Intranet, Internet*
- *...*

Fallen Ihnen noch Beispiele aus Ihrem Arbeitsumfeld ein? Hier ist Platz für Ihre persönlichen Notizen:

_____

_____

4.2 Die Abgrenzung zu PowerPoint, Dashboards und Co.

Eines gleich vorweg: OnePage ist kein Ersatz für PowerPoint-Präsentationen, Management-/Vertriebsinformationssysteme, für Dashboards oder Ähnliches. Ganz im Gegenteil!

Haben Sie in Dashboards oder Managementsystemen schon mal die Darstellung eigener Gedanken gesehen? Hier finden Sie Zahlen, Auswertungen, Analysen, Geschäftsdaten etc. Gedanken, Ideen und Planungen haben hier nichts verloren. Denken Sie daran: Jedes Werkzeug hat seine Bestimmung! Das Gleiche gilt für PowerPoint-Präsentationen.

Für einige Präsentationen ist es jedoch wünschenswert, dass Sie nicht in (Ab-)Leseschlachten ausarten, sondern als Hilfsmittel für den Betrachter verstanden werden.

Der Präsentator ist derjenige, der die Details erzählt und die Zuhörer fasziniert.

OnePage ist als eine Arbeitsmethode zu verstehen, um aus allen (Daten-)Quellen, Systemen etc. Informationen abzurufen, dynamisch zu integrieren. Eigene Gedanken, Ideen, Planungen etc. sind ausdrücklich zu berücksichtigen. Dabei muss Wichtiges aus den unterschiedlichen Informationsquellen vernetzt werden.

In der Praxis bedeutet das, Informationen qualifiziert und zielgruppengerecht visuell aufbereitet zusammenzuführen und quantitativ zu reduzieren. Das kann auch auf PowerPoint-Folien stattfinden.

Abb. 4.3: Der Überblick

Niemand hat heute Zeit, sich mit Unwesentlichem zu beschäftigen, wenn es heißt, sich einen Überblick zu verschaffen. Verstricken Sie sich nicht in Kleinigkeiten! Verstehen Sie OnePage als die Kirchturmspitze, von der aus Sie den Weitblick und die Übersicht haben und auf die unterschiedlichsten Informationsquellen blicken können. Für Details steigen Sie von dem Kirchturm herunter und wandern zu der gewünschten Stelle.

Ein Kollege von mir sagt immer: „Wichtig ist es, den ganzheitlichen Überblick zu erhalten. Und dazu gehört es, ab und zu den Dunstkreis des Tagesgeschäftes zu verlassen und einmal auf den Kirchturm zu steigen, um sich den nötigen Überblick zu verschaffen."

4.3   Die Zielgruppe

Abb. 4.4: So sieht der Alltag ohne OnePage aus.

Für jeden, der in der täglichen Informationsflut den Überblick und den Weitblick nicht verlieren darf, kann die

Methode OnePage eine wichtige Hilfe im Arbeitsalltag sein. Geschäftsführer können mithilfe von OnePage die strategischen Ziele der Firma feststecken und kommunizieren. Projektleiter können ihrem Team die Projektplanung verdeutlichen, ihren Vorgesetzten leicht verständliche Projektstatusberichte liefern und Projektdokumentationen erstellen.

OnePage eignet sich für
- *Geschäftsführer*
- *Führungskräfte*
- *Projektleiter*
- *Planer*
- *Controller*
- *Mitarbeiter, die vielschichtige Informationen für Dritte aufbereiten müssen*

Außerdem: OnePage eignet sich für alle, die sich eine Übersicht verschaffen und trotzdem die Details im Griff haben müssen.

4.4 Ihr Nutzen

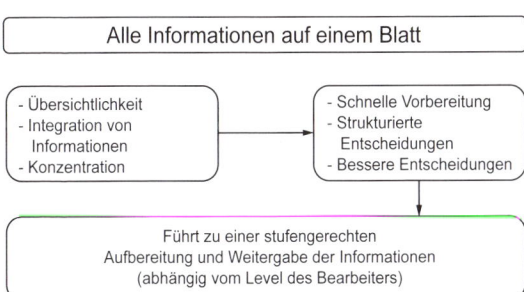

Abb. 4.5: Der Nutzen im Überblick

- *Quantitative Reduktion auf ein Minimum*
- *Qualifizierung der Informationen*
- *Zielgruppengerechte und übersichtliche Darstellung*
- *Visualisierung verteilter Informationen in verdichteter Form*
- *Erhöhung der Transparenz*

Wo sehen Sie Ihren Nutzen? Hier ist Platz für Ihre persönlichen Notizen:

_____

_____

_____

_____

_____

_____

_____

4.5 Do's und Don'ts

Ein paar Beispiele aus der Praxis sollen Ihnen für den Beginn noch als Hilfestellung dienen.

Beispiel 1: Gewichtungen mithilfe von Formen und Anordnungen:

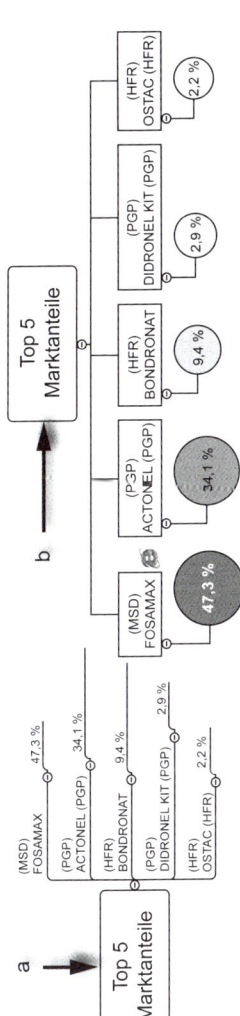

b

Top 5
Marktanteile

(MSD) FOSAMAX	(P3P) ACTONEL (PGP)	(HFR) BONDRONAT	(PGP) DIDRONEL KIT (PGP)	(HFR) OSTAC (HFR)
47,3 %	**34,1 %**	9,4 %	2,9 %	2,2 %

a

Top 5
Marktanteile

(MSD) FOSAMAX 47,3 %
(PGP) ACTONEL (PGP) 34,1 %
(HFR) BONDRONAT 9,4 %
(PGP) DIDRONEL KIT (PGP) 2,9 %
(HFR) OSTAC (HFR) 2,2 %

Abb. 4.6
a = Don't ☹, so nicht!
b = Do ☺ ! Besser!

Beispiel 2: Zusammenhänge mit Farben darstellen

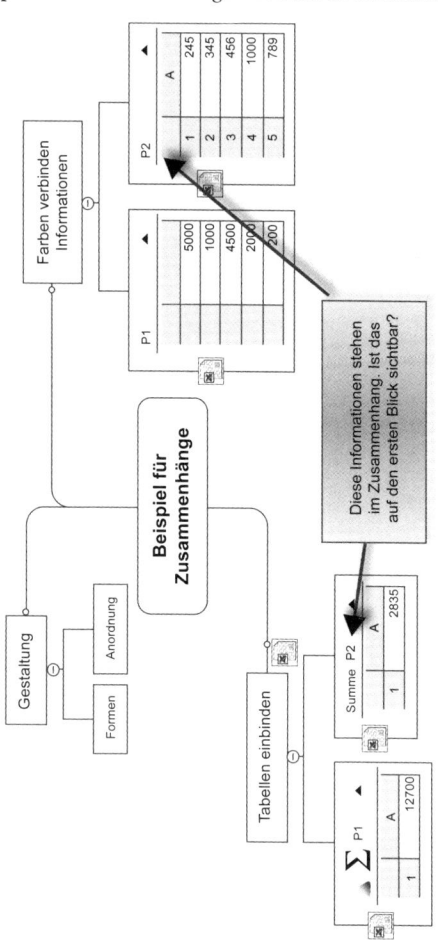

Abb. 4.7: Don't ☹ - Zusammenhänge sind nicht sichtbar

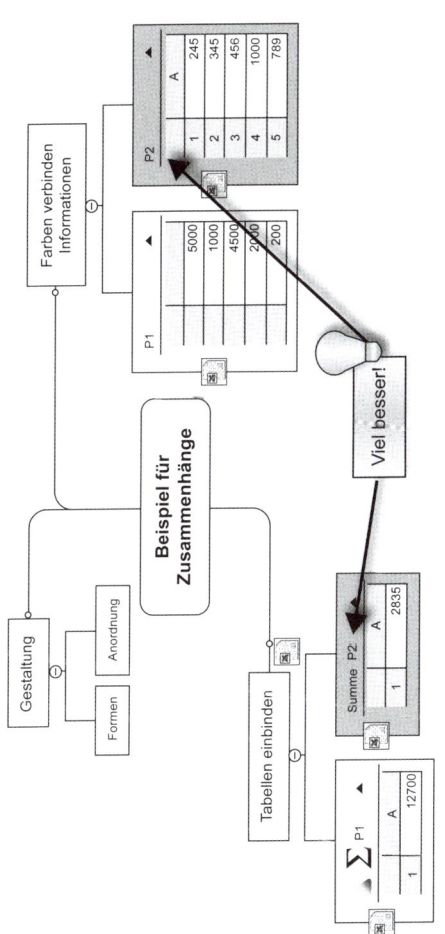

Abb. 4.8: Do ☺ - Zusammenhänge sind erkennbar

Beispiel 3: Listenartige Darstellungen sind unübersichtlicher als die grafische Darstellung. Bilder dienen der Orientierung.

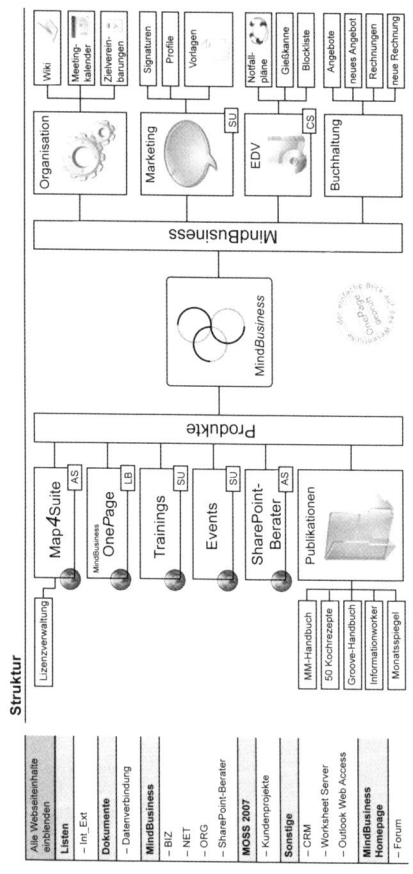

Abb. 4.9: Don't ☹   *Do* ☺ *– für den Betrachter viel übersichtlicher*

Beispiel 4: Erläuternde Texte können durch grafische Darstellungen eingespart werden.

Ihr Marketingleiter referiert über Kundengewinnung und erläutert die einzelnen Schritte (Steps). Wie können Sie sich folgende Informationen besser merken?

Kundengewinnung – Step 1

- Mailings
- Messen
- Anzeigenschaltung
- .....
- .....
- .....

= **Interessentenpotential**

Abb. 4.10: Don't ☹ - keine Aussagekraft

Ist Ihnen hier bewusst, wie viel Aufwand für die Interessentengewinnung notwendig ist?

Kundengewinnung – Step 1

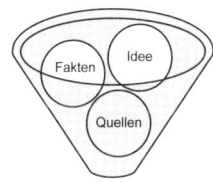

Interessenten

Abb. 4.11: Do ☺ - Das Bild spricht Bände

Hier definitiv ja. Das Ausmaß der Aufwendungen ist greifbar. Sie können sich das Erzählte anhand des Bildes sehr viel besser merken.

5. Kurzbeispiele aus der Praxis

Der Wichtigste im Vertrieb – der Kunde

Controlling – mehr als nur Zahlen im Blick

Strategische Weitsicht für das Management

Marketing – Das Tor zur Welt

Anforderungen im Personalwesen

Um Ihnen das Arbeiten mit der Methode noch ein Stück näherzubringen, finden Sie in diesem Kapitel weitere ausgewählte und praxisnahe Kurzbeispiele, Anregungen und Gedankengänge.

Alle OnePages sind im Intranet eingesetzt und dienen der leichteren Navigation. Das Prinzip der Umsetzung und Vorgehensweise bleibt in den aufgeführten Beispielen immer gleich. Sie starten wie im Kapitel 3 unter 3.1 ff. beschrieben.

5.1 Der Wichtigste im Vertrieb – der Kunde

Das Ziel dieser OnePage – es soll ein visuelles CRM-System abgebildet werden.

Abb. 5.1: Die OnePage – „Der Vertriebssee"

Neben Informationen wie bspw. der Besuchshistorie oder einer Anfahrtsskizze soll der Vertriebsmitarbeiter hier Informationen über Ansprechpartner, das Produktportfolio, Kundenpotential etc. finden.

Betrachten wir markante Bausteine im Einzelnen.

Kommunikationsdaten wie Kundennummer, Adresse, Wegbeschreibung, Ansprechpartner – alles leicht erkennbar und im Detail per Hyperlinks greifbar.

Kunde 35892

Demo AG

Demo AG
Musterstraße 47
D-81245 München

Wegbeschreibung ...

Ansprechpartner

☒ Andreas Muster
Vertriebsleiter
☎ 089/123 123 12
  089/123 123 13
▤ 0177/456 45 45

- Hobbys:
  Wassersport, Tennis
- Geburtstag: 27.04.1971

Abb. 5.2: Kundenlogo, Ansprechpartner und Daten mit Bild – schnell wahrnehmbar und aussagekräftiger als „nur" Buchstaben

Abb. 5.3: Leitbild See + Segelboot

Der See, das Segelboot und die Menschen ergeben zusammen ein sehr vielschichtiges Bild für den Unternehmensbereich *Vertrieb*. Man kann nur als Team ein Segelboot lenken, man braucht ein Ziel, um in den Hafen zu kommen, etc. ...

Der Kunde steht im Mittelpunkt. Es geht darum, zuzuhören, herauszufinden, welche Lösungen benötigt werden. Werden die Grundregeln beachtet, sind im Vertrieb die Segel richtig gesetzt.

Um diese Information rüberzubringen, bräuchte es viele Worte. So aber hat der Vertriebsmitarbeiter eine übersichtliche Plattform und alle Informationen zum Kunden im Blick!

5.2 Controlling – mehr als Zahlen im Blick

Das Ziel dieser OnePage ist es, den Controller bei der Gewinnung eines systematischen Einblicks in das Unternehmen und seiner Teilbereiche zu unterstützen.

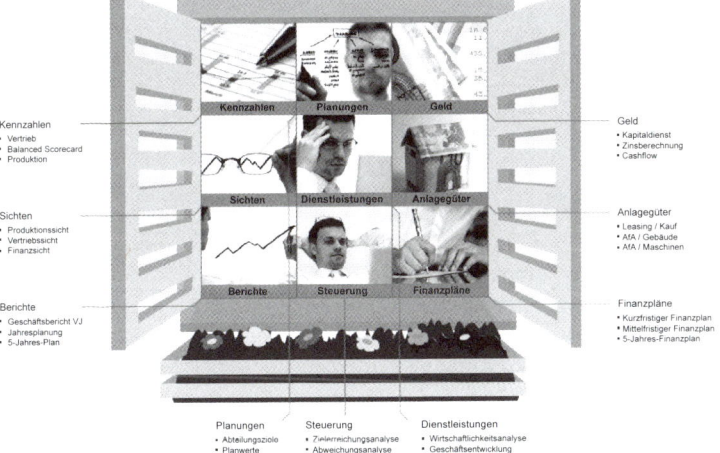

Abb. 5.4: Die OnePage – „Das Controllingfenster"

Alle betriebswirtschaftlichen Informationen sind über die jeweiligen Fensterabschnitte im Detail greifbar. Die passende Auswahl der Bilder ermöglicht eine leichte und angenehme Übersicht.

Details wie „wer ist Mitarbeiter in der Controlling-Abteilung" werden als reine Sachinformation integriert. Bilder hätten in diesem Fall zu sehr vom Leitbild „Fenster" abgelenkt. Nach dem Motto „Weniger ist mehr".

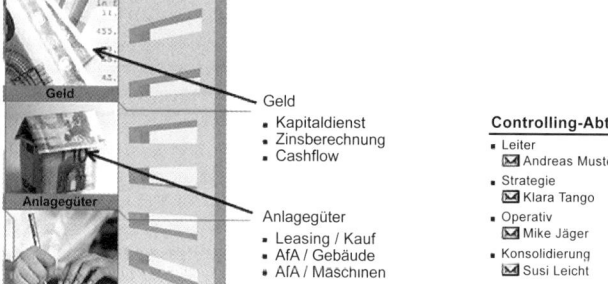

Abb. 5.5: Passende Bilder zu den jeweiligen Themen ersetzen Worte – Sachinformationen bleiben erkennbar im Hintergrund.

Das Leitbild „Fenster" visualisiert die unterschiedlichen Sichten und Funktionen, die der Controller für das Unternehmen einnehmen muss.

5.3 Strategische Weitsicht für das Management

Das Ziel der OnePage – dem Management eine systematische Übersicht über die wichtigsten Unternehmenskennzahlen und -analysen zu geben.

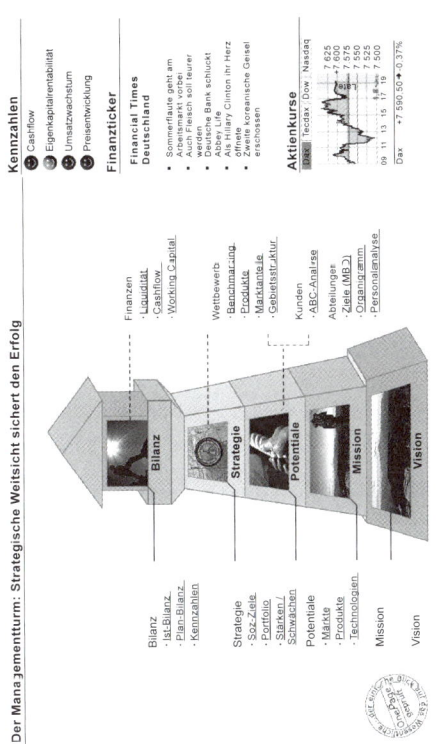

Abb. 5.6: Die OnePage – „Der Managementturm"

Trotz der Daten- und Informationsfluten muss der Manager den Überblick über unterschiedlichste Daten und Fakten wahren. Von der Vision über die Mission, Potentiale, Strategien findet der Manager alle Daten in der zweiten Ebene.

Abb. 5.7: Das Leitbild „Turm" und die Kennzahlen

Durch die Wahl des Bildes „Turm" und die Anordnung der strategischen Informationen mit den passenden Bildern wird herausgearbeitet, welche Fundamente für den Unternehmenserfolg wichtig sind. Eine positive Bilanz ist immer das Ergebnis weitsichtiger Strategie.

Betrachten Sie in Abb. das Bild der Kennzahlen. Die Darstellung beinhaltet nicht nur die Information „Hier geht es weiter zum Cashflow, Eigenkapitalrendite" etc. Die Darstellung bringt auch zum Ausdruck, wie es um die Zahlen „steht". Die Icons spiegeln den Status der Zahlenwerte wider. Hierbei wurde die bekannte Ampelfunktion eingesetzt: rot = Alarm, gelb = kritisch/Achtung, grün = alles okay.

So bekommt der Betrachter eine vielschichtige Information. Das Leitbild „Turm" visualisiert die notwendige Weitsichtigkeit, um ein Unternehmen erfolgreich zu führen.

5.4 Marketing – das Tor zur Welt

Das Ziel der folgenden OnePage ist es, den Mitarbeitern eines Unternehmens die zur Verfügung stehenden Werbe- und Kommunikationsmittel übersichtlich nutzbar zu machen.

Die klassischen Handlungsfelder wie Corporate Design, Preis, Produkt, Corporate Image, Distribution, Kommunikation etc. sind alle aufgelistet. Allerdings nicht einfach in Form von Worten, sondern in das Gesamtbild um das Tor herum integriert. Das Finden der passenden Marketingmittel wird für den Betrachter damit einfacher. Entscheiden Sie selbst: So oder so?

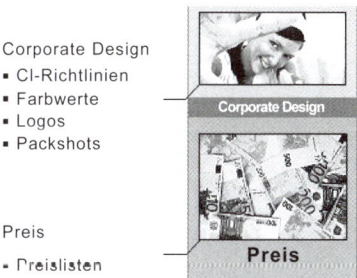

Abb. 5.8: Der Blick auf die Marketingmittel: So oder so?

Das Leitbild „Tor" symbolisiert eine Offenheit, um den Blick auf die Gegebenheiten und Anforderungen des Marktes zu richten.

5.5 Anforderungen im Personalwesen

Das Ziel dieser OnePage ist es, dem Mitarbeiter in der Personalabteilung eine aktive Unterstützung zu bieten. Das Bild erinnert an den eigenen Schreibtisch – Alle Informationen liegen griffbereit um einen herum.

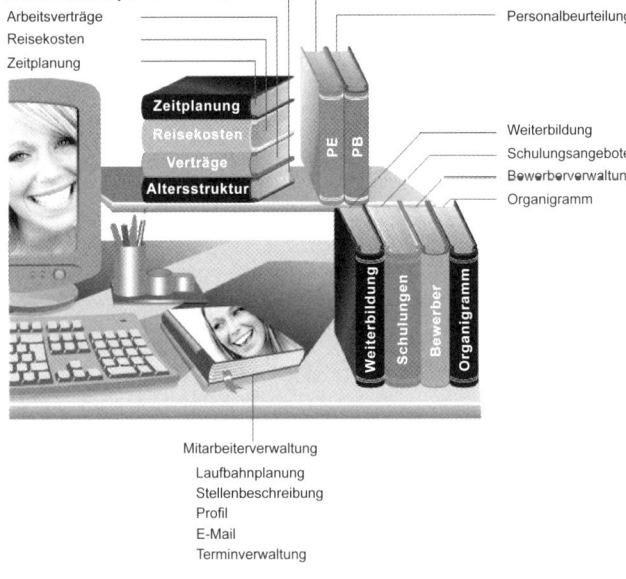

Abb. 5.9: Die OnePage – „Das Personalbüro"

In einem Personalbüro werden substantielle Entscheidungen getroffen, die die Gegenwart und Zukunft des Unternehmens stark beeinflussen.

Die Mitarbeiter der Personalabteilungen müssen auf vielfältige Informationen zugreifen.

Alles was bspw. mit den Mitarbeitern direkt zu tun hat, wird durch das liegende Buch visualisiert. Hier findet der Personalentwickler alle weiteren Informationen.

Von der Laufbahnplanung über das Profil bis hin zur Terminverwaltung. Der Mitarbeiter ist im Mittelpunkt.

Mitarbeiterverwaltung

- Laufbahnplanung
- Stellenbeschreibung
- Profil
- E-Mail
- Terminverwaltung

Abb. 5.10: Der Mitarbeiter im Mittelpunkt

Alles Formelle wie Beurteilungen, Entwicklungen, Reisekosten etc. ist ordentlich in Ordnern abgelegt.

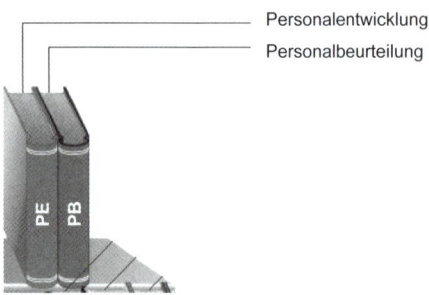

Personalentwicklung
Personalbeurteilung

Abb. 5.11: Alles ordentlich abgelegt

Das Leitbild „Schreibtisch" steht für das Personalbüro, die notwendige Ordnung, das leichte Verwalten von Informationen. Ein ideales Bild für einen Mitarbeiter der Personalabteilung – auch in der Gesamtanordnung, um intuitiv in einem Intranet auf die notwendigen Informationen zugreifen zu können.

Zusammenfassung „Kurzbeispiele aus der Praxis"
- *Worte und Aussagen wurden in Bildern umgesetzt*
- *Leitbilder unterstützen eine Gesamtaussage*
- *Anordnungen ergeben Grad der Wichtigkeit*
- *Icons haben Aussagekraft und werden in der 3. Informationsebene eingesetzt.*

Die Autorin

Dagmar Herzog ist Geschäftsführerin der MindBusiness GmbH und betreut in Seminaren und Workshops viele internationale Unternehmen.

Als systemischer Management Coach begleitet Dagmar Herzog erfolgreich Veränderungs- und Lernprozesse von Organisationen, Teams und Menschen in Organisationen und berät Führungskräfte bei Entscheidungen, um nachhaltig Veränderungsprozesse anzustoßen.

Sie rüttelt an der herkömmlichen Art zu arbeiten, hinterfragt Gewohntes und macht den Blick frei für Neues. Softwaretools sind für sie keine Lösungen, sondern Werkzeuge, die der Mensch situativ in seinem Arbeitsalltag nutzen sollte.

Literaturhinweise

- Bayerl, Claudia: 30 Minuten für Kreativitätstechniken, GABAL Verlag, 2005

- Crainer, Dearlove: Der Atlas des Managements, manager Edition magazin, 2006

- Frank, Hans-Jürgen: Ideen zeichnen, Ein Schnellkurs für Trainer, Moderatoren und Führungskräfte, Beltz Verlag, 2004

- Herzog, Dagmar: 50 Erfolgsrezepte für Business Maps, Hanser Verlag, 2007

- Herzog, Dagmar: MindManager 6 - Das Handbuch für Basic 6 und Pro 6, Hanser Verlag, 2006

- Kerth, Klaus/Püttmann, Ralf: Die besten Strategietools in der Praxis, mit CD-Rom, Hanser Verlag, 2005

- Chan Kim, W./Mauborgne, Renee: Der Blaue Ozean als Strategie, wie man neue Märkte schafft, wo es keine Konkurrenz gibt, Hanser Verlag, 2005

- Seifert, Josef W.: 30 Minuten für professionelles Moderieren, GABAL Verlag, 2005

Link-Tipps

- www.onepage.de
- www.mindbusiness.de
- www.sharepointberater.de

Mit Methode zum Überblick

Lernen Sie die Reduktion auf das Wesentliche!

Die Informationsflut, permanentes Lernen, die Vermehrung von Wissen und die schnelle Erfassung von Informationen – das bestimmt unseren Alltag. Wer kann da noch mithalten und fühlt sich nicht überfordert?

Der Wunschgedanke: alles Wichtige auf einem Blatt. Lernen Sie, Zahlen, Texte und Objekte aus unterschiedlichen Quellen zusammenzuführen und auf das Wesentliche zu reduzieren. Ziel ist die Visualisierung der wichtigsten Informationen auf einem Blatt.

Unter www.1blatt.de finden Sie das komplette Seminarprogramm des OnePage Studios und konkrete Inhaltsangaben.

Dazu möchten wir Sie gerne einladen.

Wir freuen uns auf Sie!
Ihre Dagmar Herzog
Geschäftsführerin MindBusiness GmbH

Register